Computer & ommunikation
www.cknow.de
Verfasser: Heinz-Otto Weißbrich

Strom Grundlagen

Erzeugung, Verteilung, Anschlüsse

Strom

Computer & ommunikation

www.cknow.de

Verfasser: Heinz-Otto Weißbrich

Inhaltsverzeichnis

Computer & ommunikation
www.cknow.de
Verfasser: Heinz-Otto Weißbrich

Haftungshinweis:
Trotz sorgfältiger inhaltlicher Kontrolle

übernehme ich keine Haftung für die Inhalte. Aus Gründen des Urheberrechts ist die Speicherung und Vervielfältigung von Bildmaterial, Grafiken und Texten nicht gestattet.

Alle Inhalte auf meinen Seiten vermitteln

lediglich einen unverbindlichen Überblick nach bestem Wissen..

Bibliografische Information der Deutschen Nationalbibliothek:
Die Deutsche Nationalbibliothek verzeichnet diese Publikation in der Deutschen Nationalbibliografie; detaillierte bibliografische Daten sind im Internet über dnb.dnb.de abrufbar.

Herstellung und Verlag:
BoD – Books on Demand,
Norderstedt
ISBN: 9783753471556

Computer & ommunikation
www.cknow.de
Verfasser: Heinz-Otto Weißbrich

1. Allgemeines

Wissen Sie was Ampere, Volt, Watt oder Ohm sind ?
Ja ? Dann brauchen Sie das Buch vielleicht nicht,
aber ich verspreche Ihnen es steht noch viel mehr drin.
Nein ? Sie wissen nicht
was Ampere, Volt, Watt oder Ohm sind ?
Dann sollten Sie das Buch kaufen.
Bei der Stromerzeugung bin ich ein wenig viel
bei der Atomkraft geblieben. Da es in der Vergangenheit einige Supergaus gegeben hat, habe ich recherchiert und so gut ich konnte darüber berichtet.
Sie erfahren etwas über die Kraftwerksunglücke in Harrisburg (USA) Tschernobyl(Sowjetunion,
Ukraine und Fukushima n).
Nach Beendigung der Grundlagen über Stromerzeugungberichte ich über Stromformeln
und Tipps, wie man, z.B. eine Lampe anschließt.

2. Wie wird Strom erzeugt ?
2.1 Drehstromübertragung
Jede Leitung hat eine Spannung von einigen Kilovolt (kV)

Foto copyright Heinz-Otto Weißbrich 2021

Wie kommt der Strom nun in solche Leitungen ?

2.2 Strom aus Atomkraft

**Das ist die fast gezähmte Atombombe.
Im August 1946
warfen die Amerikaner 2 Atombomben über Japan ab.
Hiroshima und Nagasaki wurden total zerstört.
Hundertausende waren sofort tot.
Die Gegend ist heute noch total verstrahlt.
Auch die Russen, Franzosen, und Engländer
entwickelten dann Atombomben, aber sie wurden nicht eingesetzt.
Ab 1950 wurden immer wieder Tests gemacht,
so dass die sogenannte natürliche Radioaktivität
stark angestiegen ist.
Irgendwann entwickelte man Atomkraftwerke für
die Stromerzeugung. Es ist sehr effektiv, aber es ist ein Teufelszeug.
Die Brennstäbe müssen entsorgt werden. Heute weiß man noch
nicht, wie man sie sicher entsorgt.
Die Halbwertzeit beträgt hunderte von Jahren,**

d.h. die Radioaktivität ist in hunderten von Jahren die Hälfte.
Die Atomkraft Befürworter, sagen: es ist sicher.
Sie stoßen auch kein CO2 aus, aber CO2 kann man auch anders sparen.
Wenn alle im Nahverkehr Fahrrad fahren, kann über 80 % an CO2 in Deutschland gespart werden.

2.2.1 Atomkatstrophe in Harrisburg (USA)

(3)

Am 28.3.1979 ereignete sich in Harrisburg ein schwerer Reaktorunfall. Amerika war geschockt.

Doch um vier Uhr in der Nacht zum 28. März 1979
werden Frederick und Faust von Warnsignalen aufgeschreckt. Kühlwassermangel durch ein versehentlich ungeöffnetes Ventil führt plötzlich zum Ausfall der Pumpen in Reaktor 2. Sofort werden die Kettenreaktion unterbrochen und das Notpumpsystem aktiviert, um ein Überhitzen der Brennstäbe zu verhindern. Die Reaktorfahrer glauben, alles wieder unter Kontrolle zu haben.

Der Super-GAU droht

Fortsetzung nächste Seite

Der Super-GAU droht

Erst die um sechs Uhr eintreffende Frühschicht erkennt die Gefahr. Denn auch das Wasser aus den Notpumpen kühlt den immer heißer werdenden Kern nicht; es entweicht durch ein in Offenstellung verklemmtes Ventil. Im Reaktor bilden sich hochexplosive Wasserstoffblasen und die Brennstäbe erhitzen sich auf mehr als 2.000 Grad Celsius.

(3)

AKW Three Mile Island in Harrisburg, Pennsylvania

Die gefürchtete unkontrollierbare Kernschmelze ist nicht mehr zu stoppen.

Um 8.30 Uhr rufen die Behörden den Ausnahmezustand für die

Umgebung von Harrisburg aus. Tausende Anwohner ergreifen die Flucht, obwohl der Kraftwerksbetreiber öffentlich betont: "*Alles ist unter Kontrolle.*"

2.2.2. Supergau in Tschernobyl

Es gehörte damals noch zur Sowjetunion.

Am 26.4. 1986 kam es dann zum Supergau in Tschernobyl.

In den frühen Morgenstunden am 26.4.1986 stellten wohl Techniker im Kraftwerk wohl etwas ein. Aber es war verkehrt und hatte katatrophale Folgen.

Ein Kraftwerkblock explodierte.

Es ist Gorbatschow und dem russischem Militär zu verdanken,
dass nicht ganz Europa total verstrahlt wurde
und man dann dort nicht mehr leben könnte.
Im Minutentakt wurde versucht die Kernschmelze mit Material abzuschließen,
damit die Strahlung sich nicht weiter verbreitete, was natürlich nur bedingt gelang.
Viele haben es relativ kurzfristig mit dem Tod bezahlt.
Dank auch dem Strahlenprofessur (Name weiß ich nicht), der Verantwortung gezeigt hat und zum Unfallort gefahren ist und dort sinnvolle Anweisungen gegeben hat, damit es nicht total außer Kontrolle geriet.

2.2.3 Folgen der Explosion für die Ukraine und den westlichen Nachbarländern. (1)

(1)Am Unfallort war die Windströmung Nord/Nordwest.
Innerhalb von 2 Tagen erreichte die freigesetzte Strahlung Finnland
und den Ostrand Mittelschwedens.
Am Nachmittag des 26.4.1980 drehte der Wind nach West bis Südwest.
Am 27.4.1980 erreichte die freigesetzte Strahlung mit einer kräftigen Luftströmung aus Ost und Nordost Südpolen die CSSR
(heutiges Tschechien und Slowakei) und den Ostalpenraum.
In der Nacht zum 30.4.1980 erreichte sie den südostbayerischen Raum.
Zwischen 13 und 17 Uhr erreichte die Strahlung in der bodennahen Luft
Ein erstes ausgeprägtes Maximum an beta-Strahlung.

Zur gleichen Zeit setzten starke mit Gewitter verbundener Schauerregen ein. Das führte im gesamten südostbayerischen Raum zu einem raschen Anstieg der beta- und gamma-Dosisleistung im Freien.

2.2.4 Tschernobyl heute 2021

Es wurde ein Sarkophark über den Kraftwerksblock gebaut.
Der ist natürlich im Laufe der Zeit brüchig geworden.
Unter Führung von der Siemens AG wurde 2021 ein neuer etwas sicherer Sarkophark gebaut. Es muss natürlich ständig gemessen und kontrolliert werden.
Damit die Menschen auch wieder Früchte aus den Wäldern ernten können hat eine französische Firma die Gebiete ausgemessen und mit essbar und nicht essbar gekennzeichnet.

2.2.5 Folgen der Atomexplosion in Oberbayern 2021

Je mehr Regen nach der Katastrophe gefallen ist,
desto mehr Radionukleide befinden sich im Boden, besonders im Waldboden. Es ist das langlebige Cäsium 137, das eine Halbwertzeit
von 30 Jahren hat, d.h. nach 30 Jahren ist die Hälfte der Strahlung zerfallen.

2.2.6 Was ist noch essbar und was nicht.(2)

- **Ackerflächen sind kaum noch belastet.**
- **Milch, Getreide, Salat ungefährlich**
- **Pilze und Wild sind teilweise sehr belastet**
- **Maronen und Semmelstoppelpilze erreichen bis zu 1000 Becquerel/Kilo**
- **Steinpilze und Pfifferlinge können mehrere 100 Becquerel/Kilo erreichen.**

- **Das Fleisch von Hirschen, Rehen und Wildschweinen kann auch erhöhte Strahlenwerte erhalten.**
- **Besonders hohe Strahlenbelastung haben Wildschweine, da sie den Waldboden nach Nahrung durchstöbern.**

Der bayerische Jagdverband unterhält ein engmaschiges Netz Radiocäsium-Messstationen.
Über 600 Becquerel/Kilo muß das Fleisch entsorgt werden.

2.3. Supergau vor heute 2021 10 Jahren in Fukushima (Japan)

Ein gewaltiges Erdbeben in Kobe(Japan) erzeugte im Meer
einen gewaltigen Tsunami, der alles mitriß
und 3 Blöcke des Atomkraftwerks in Fukushima zur Explosion brachte.
Vieles war und ist heute noch verseucht. Die verseuchte
Meeresströmung erreichte die Pazifikküste in Amerika.
Ein versuchtes untergegangenes Schiff wurde dort an Land gespült.

Lebensmittelimporte aus Japan werden überwacht. (2)
Es gibt aber auch natürliche Radioaktivität durch Mineralwasser aus Gesteinen. Erhöhte Werte enthalten öfters Paranüsse.

2.4 Politische Folgen von Fukushima

2.4.1 Keine Atomkraftwerke mehr in Deutschland

Bundeskanzlerin Frau Dr. Merkel hat 2011 durchgesetzt, dass alle Atomkraftwerke in Deutschland abgeschaltet werden und mit alternativen Energiequellen ersetzt werden.

2.4.2 Atomzeitbomben in Europa

Europa, besonders Deutschland hat ein Problem mit den alten,
schlecht gewarteten Atomkraftwerken in Belgien, Frankreich ,
Tschechien, anderen Staaten in Osteuropa, Ukraine und Rußland.
Wenn die explodieren ist Europa verstrahlt, deshalb ist es wichtig, dass auch die vernünftig gewartet und runtergefahren werden, wie in Deutschland.
Die Staaten haben Energieprobleme und sagen wir lassen sie laufen,
solange es geht. Frankreich hat z.B. alternative Energien, wie Desertec boykottiert und denkt nicht daran seine Kraftwerke abzuschalten.

2.4.3 Ausbildung von Kerntechnik Ingenieuren.

**Es ist wichtig für die junge Generation, dass das Wissen der Kernkraftwerke wieder weiter gegeben wird, sonst werden Teile der Erde unbewohnbar. Eine Bewältigung eines Gaus muß trainiert werden. Das ist genau so wichtig, wie die andere Umwelt.
Es ist wichtig für die junge Generation, dass das Wissen der Kernkraftwerke immer wieder wieder ewig weiter gegeben wird,
sonst werden Teile der Erde unbewohnbar. Eine Bewältigung eines Gaus muß trainiert werden. Das ist genau so wichtig, wie die andere Umwelt. Es war wohl eine Fehlentscheidung für die Menschheit so etwas zu bauen. Entschuldigung nachfolgende Generation.**

2.5 Wasserkraft

Wasser wird auf Turbinen geleitet, die sich drehen.
Dann entsteht Drehstrom mit 3 Phasen R,S,T
und einem Nulleiter.
Es gibt viele Wasserkraftwerke,
wie z.B. das Walchenseekraftwerk in Oberbayern,
das 1924 erbaut wurde, eine Meisterleistung
der Architekten, Ingenieure und Handwerker.

2.6 Strom aus Kohle

Hier wird der Strom durch Verbrennung erzeugt,
was aber in Zukunft aus Umweltgründen
eingestellt werden wird.

2.7 Strom aus Wind
Der Wind kann Windmühlen zum Drehen bringen.
Durch die Drehung können wieder Generatoren
betrieben werden, die Drehstrom erzeugen.

2.8 Gleichstromübertragung
Viele Windmühlen im Meer erzeugen Drehstrom.
Durch Stromumwandler werden sie in Gleichstrom
umgewandelt.
Gleichstrom hat nur 15% Übertragungsverlust,
deshalb werden große Stromleitungen in die Erde verlegt.
Dieser Strom muß dann in Wechselstrom für den Verbraucher umgewandelt werden.

2.9 Strom aus Sonne
2.9.1 Desertec
Durch das Brennglasprinzip, wie das ex-Projekt Desertec.

In Spanien war europaweit eine Versuchsstation aufgebaut. Es sollte ganz Europa mit Strom versorgen.
Viele europäische Firmen wollten das finanzieren.
Leider scheiterte es daran, dass Frankreich weiterhin seinen Atomstrom vermarkten wollte. Dann sind alle Firmen, wie z.B. die Münchner Rück aus der Finanzierung ausgestiegen.
Man wollte in Marokko ein solches System aufbauen.
Weltweit gibt es nun einige Projekte, in Saudi-Arabien,
in Marokko, China,
aber Europa hat es verschlafen und betreibt weiter risiokoreiche Atom-Kraftwerke, wie in Frankreich, Tschechin, Rußland und anderen osteuropäische Länden.

2.9.2 Solartechnik

Viele Dächer werden mit Solarcellen gedeckt.
Es wurde lange gefördert.

Nun wurden aber durch ein neues Gesetz die Auflagen so bürokratisiert, dass es sich nicht mehr lohnt.

2.9.2.1 Vernetzung von Solarstrom
Die Firma Sonnen baut Solarspeicher und hat durch ein intelligentes System, viele Kunden vernetzt, so dass man Solarstrom verkaufen kann oder zukaufen.

3. Der Strom kommt aus der Steckdose

Bevor er fließen kann, muß erklärt werden,
was liegt an der Steckdose an.

3.1 Wechselstrom-Steckdose

Der Stecker für die Steckdose hat 2 Kontakte für die Dose
Phase, Nullleiter und außen Erde.

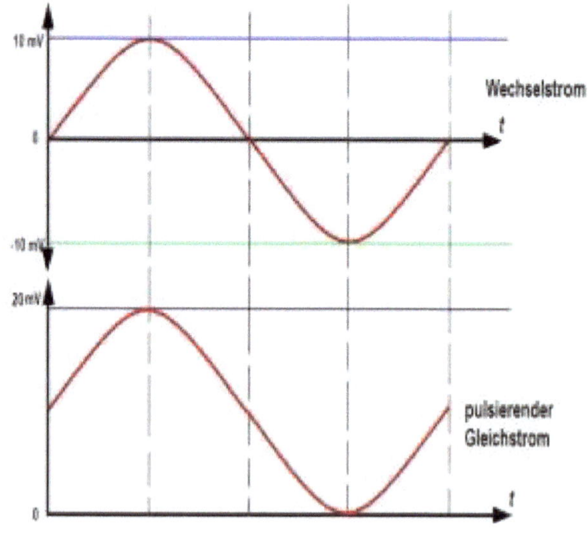

Wechselstrom pulsiert mit 50 Hertz (Hz)

3.1.1 Phasenprüfer

Mit dem Phasenprüfer kann ich feststellen, ob Spannung an der Dose ist. Ich stecke den Phasenprüfer nacheinander in die Löcher der Dose. Leuchtet er, so ist dort die Spannung.

3.2 Stromformeln

3.2.1 Leistung N= U x I
U(Spannung in Volt), I(Strom in Ampere), N(Leistung in Watt).
Ich wollte eine Waschmaschine beim Expert (Elektrosupermarkt)kaufen.
Da fragte ich den Verkäufer. Wieviel Watt hat das Gerät ?
Er wußte es nicht und er wußte auch nicht was Watt ist.

3,2.2 Das Ohmsche Gesetz

Das Ohmsche Gesetz haben Sie sicher schon einmal gehört.
R=Widerstand
R = U/I, hier 220V/5 A=44 Ohm.
Auf der nächsten Seite noch ein wenig Theorie
als Einführung. Wenn Sie mehr wissen wollen,
müssen Sie ein elektrotechische Ausbildung machen.
Das ist aber nicht das Ziel meines Buches.
Ich möchte, dass Sie als Laie den Strom verstehen.

3.2.3 Der spezifische Widerstand

Es gibt verschiedenen spezifische Widerstände
Er ist vom Stromleiter abhängig, der besteht meist aus Kupfer
oder auch Aluminium oder anderen Leitern.
Man muß den

Wert in einer Tabelle anschauen. Ich muß ihn hier anführen, damit Sie wissen, was er für einen Einfluß hat.

3.2.4 Das Kirchhoffsche Gesetz

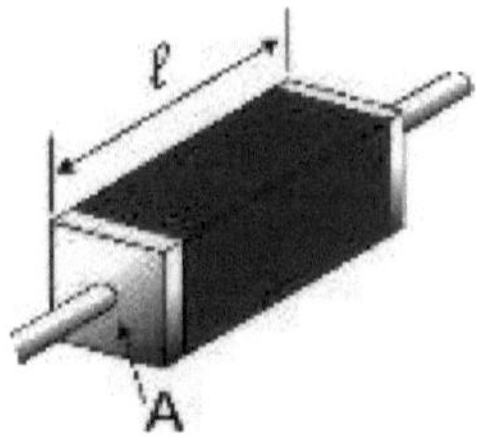

Spez. Widerstand

$$\rho = 100 \text{ bis } 10^{12} \, \frac{\Omega \cdot \text{mm}^2}{\text{m}}$$

$$A_{\text{Querschnitt}} = 0{,}01 \, \text{mm}^2$$

$$R_{\text{ges}} = \rho \cdot \frac{l_1 + l_2}{A} = R_1 + R_2$$

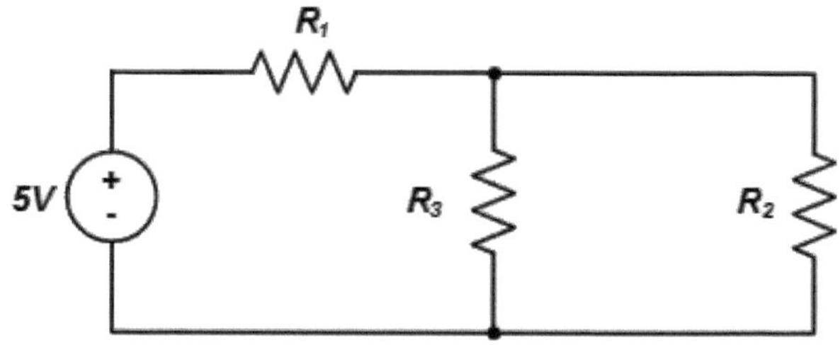

3.3 Stromsicherungen

Ein Haushalt hat in der Regel 3 Sicherungen.
Sie sind normal mit 16 Ampere abgesichert.
R (Ohm) ist der Widerstand der Leitungen.
3.6 Stromleitungen
Stromleitungen sind vom Drahtdurchmesser
für Strom ausgelegt.
Ich darf einen Stromdraht von 10 A nicht mit 16A absichern.

Fließt dann mehr Strom als 10 A durch die Leitung,
fliegt die Sicherung nicht raus, sondern es kann der Draht
so warm werden, dass Ihnen Ihr Haus abbrennt.
Fliegt die Sicherung bei 10A raus,
also keine 16A Sicherung rein tun,
damit die Sicherung nicht raus fliegt.
Brandgefährlich.
Also Ampere ist der Strom I, kommt aus der Steckdose.
Volt ist die Spannung U, liegt an der Steckdose meist mit 220 oder 110 Volt.
Watt ist die Leistung N.
Wenn sie eine Waschmaschine kaufen, müssen Sie die Leistung wissen.
N(Watt) =
U(220V) x I (z.B.
5 Ampere), also
1100 Watt.

Wo der Strom nun wirklich herkommt ,
wie man eine Lampe anschließt
und wie man sein Stromnetz nicht verkehrt belastet,
erfahren Sie in meinem Buch.

Es kommen verschiedene Ströme aus der Steckdose,
umweltfreundliche und umweltschädliche.
Fragen Sie die Stromanbieter.

4. Anschluß einer Lampe im Zimmer

An der Zimmerdecke ist eine Klemme mit 3 Eingängen und 3 Ausgängen.
Bevor Sie anfangen zu klemmen, messen Sie mit dem Phasenprüfer, an welcher Klemme Spannung ist.
Es ist entweder der blaue oder braune, der schwarzgelbe ist Masse.
Ziehen Sie Schuhe an, die eine dicke Isoliersohle haben.
Sie können, rein theoretisch einen Draht mit Spannung anfassen,

wenn Sie keine Verbindung zur Erde haben, aber machen Sie es lieber nicht.
Wichtig ! Nun drehen Sie die Sicherung raus
und prüfen mit dem Phasenprüfer, ob die Spannung weg ist.
Das ist deshalb wichtig, denn es könnte ja sein, Sie schrauben
an der Decke die Lampe an, da kommt jemand ins Zimmer
und will Licht anschalten und Sie bekommen einen Schlag.
Wichtig ist auch, dass am Schalter die Phase geschaltet wird.
Wenn Sie über den Nullleiter schalten und Ihre Elektrik nicht
sauber geerdet ist, haben Sie vielleicht die volle Spannung
auf dem Herd.

5. Wohnen in einem Haus mit Zweidrahtverdrahtung.

Ich habe in einem Haus gewohnt, da haben viele die
Elektrik verlegt.

5.1 Wasseruhr nicht sauber geerdet.

Wir saßen in der Badewanne, da surrte es immer.
Die Wasserzuleitung hatte 100 Volt.
Wir haben lange gesucht, schließlich fanden wir den Fehler.
Die Wasseruhr mußte von der Zuleitung und von der Ableitung
mit einem dickem Erdkabel verbunden werden.
Dann surrte es nicht mehr.

5.2 Schlechter Kontakt beim Nullleiter der Hauptzuleitung
Meine Frau schaltete den Herd an, dann ging im Flur das Licht an.
Ich konnte gerade noch verhindern, dass sie den Herd
nicht mit einem nassem Lappen putzte.
Es waren 220 V Spannung auf der Herdplatte.

6. Gleichstrom

Alternativ zum Wechslstrom gibt es den Gleichstrom.
Batterien und Akkus haben eine Gleichstromspannung.
Es gibt eine + Pol und einen – Pol (Erde).
Handys, Elektroautos, Ipads werden mit Gleichstrom betrieben.
Wie schon erwähnt über große Strecken wird Gleichstrom

Übertragen, da der Verlust wesentlich geringer ist als bei Wechselstrom.

7. Zusammenfassung

Ich hoffe, Sie sind mit der kleinen Stromeinführung zufrieden.

Wenn ich Sie vielleicht mit der Atomphysik ängstlich gemacht habe, machen Sie einfach weiter und suchen Sie sich eine schöne Aufgabe.

Sehen Sie aus allem auch etwas Positives.

Computer & ommunikation

www.cknow.de

Verfasser: Heinz-Otto Weißbrich

Fallen Sie nicht in ein Depressionsloch, sondern gehen Sie an die frische Luft und bewegen sich. Für den Käufer meines Buches,
danke und alles Gute.

Literaturangaben:

(1)
Umweltradioaktivität und Strahlenexposition in Südbayern Durch den Tschernobyl-Unfall Bericht des Instituts für Strahlenschutz GSF-Bericht 16/86 Gesellschaft für Strahlen- und Umweltforschung München

(2) Bericht im Holkirchner Merkur vom 28.4.2021 über Die heutigen Folgen nach 30 Jahren Tschernobyl von Andrea Danitschek Ernährungsexpertin der Verbraucherzentrale Bayern

(3) Auszug aus Google

Stichwort Harrisburg